U0353141

谢谢你
愿意做
我的妈妈

[日] 鲛岛浩二 著

[日] 植野缘 绘

史诗 译

新 星 出 版 社　NEW STAR PRESS

爸爸妈妈，

这是我第一次这样叫你们。

你们亲密无间，

我才来到人间。

我想，你们一定会让我的人生五彩斑斓。

从纯净无瑕的世界来到人间，需要勇气。

有的同伴担心未来的生活，中途回去了。

还有的同伴不相信爸爸妈妈许下的誓言，也回去了。

更有同伴被爸爸妈妈拒之门外，哭哭啼啼地回去了。

而我，在你们温暖的怀抱中，
觉得好幸福。

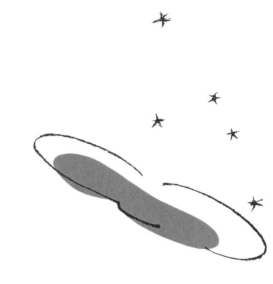

爸爸，

你还记得有我的那天吗？

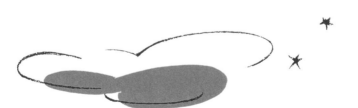

那天，你和妈妈因为爱而结合，
是这份强大的爱邀请我来到人间。
那天，你也预感到了新生命的到来。
是的，就在那天，
你做了我的爸爸。

妈妈，

你还记得知道有我的那天吗？

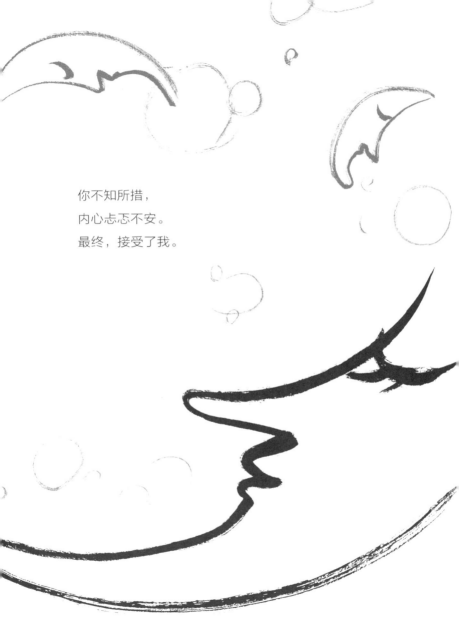

你不知所措，
内心忐忑不安。
最终，接受了我。

你心里瞬间的犹豫，我至今记忆犹新。

你在孕吐的痛苦中惦记着我，为自己鼓劲；

你觉得我很麻烦，抱怨着想要放弃；

你难以承受我的重量，苦恼于自己的臃肿不便。

这一切，我都记得清清楚楚。

妈妈，

从始至终，我们都在一起。

你快乐，我会感到幸福。

你悲伤，我会被不安环绕。

你放松，我也会进入梦乡。

我能感觉到你的一切，你和我，就是一个人。

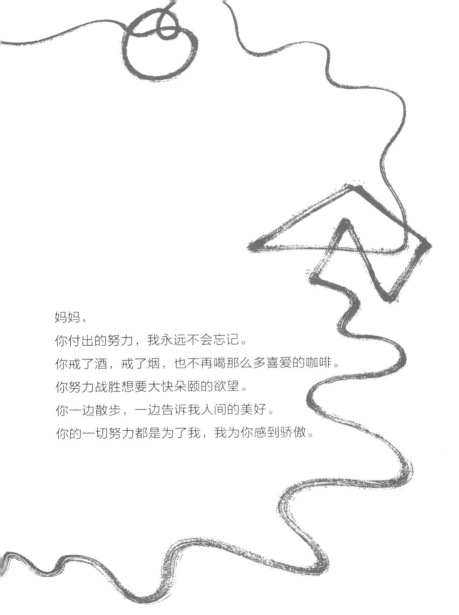

妈妈，

你付出的努力，我永远不会忘记。

你戒了酒，戒了烟，也不再喝那么多喜爱的咖啡。

你努力战胜想要大快朵颐的欲望。

你一边散步，一边告诉我人间的美好。

你的一切努力都是为了我，我为你感到骄傲。

妈妈，
面对你巨大的期待，我有些不安。
你会怎样迎接我的到来呢？
我的容貌会让你失望吗？
我的健康会让你担心吗？
我的性格会让你苦恼吗？

我的一切，都是上天和你们给的礼物。

我愉快地收下了这份馈赠，

相信，你们也最爱现在的我。

妈妈，

不久，我就要见到你。

想到那天，我满心欢喜。

我会和你一起迎接那一天的到来。

我会鼓励你，

按你的意志移动，

按你的想法降生。

我是如此地爱你、信任你。

爸爸，

不久，我就要投入你的怀抱。

想到那一刻，我雀跃无比。

请和妈妈一起迎接我的诞生吧。

你温柔的声音，

会让我们心神安宁。

你坚定的语气，

会赋予我们力量。

你温暖的目光，

会带给我们鼓励。

我和妈妈是如此地爱你、信任你。

爸爸妈妈，
我再一次这样叫你们。

你们亲密无间，

我才来到人间。

我知道，你们一定会让我的人生五彩斑斓。

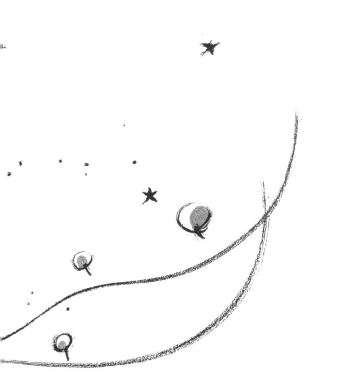

爸爸妈妈，

我想，我的选择是正确的。

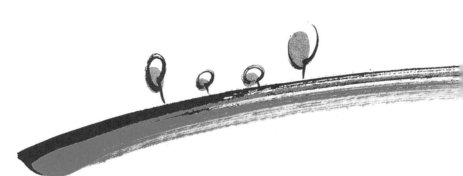

谢谢你们，愿意做我的爸爸妈妈。

后 记

1990 年，我正在参与开发一种新的分娩引导法，即让产妇脑中想象和腹式呼吸同步进行，分娩全程都想着腹中的宝宝。

那天夜里，家人熟睡后，我独自在房间中思索，有没有方法能让准妈妈更深切地感受到腹中的宝宝呢？那时，周围漆黑一片，万籁俱寂。"在妈妈的子宫里就是这种感觉吗？"想到这一点，我立刻思如泉涌。在那之前的十多年里，我在分娩现场了解了妈妈们各式各样的体验，积累的感受一下子全涌上心头，于是有了这本《谢谢你愿意做我的妈妈》。

一有机会，我就把这些文字的复印件送给被各种问题困扰的父母们，有些人烦恼是否要继续妊娠，有些人苦于孕吐或先兆流产，有些人生出了残疾的孩子。我还会把复印件带到产妇学校，为准妈妈们朗读、介绍。这篇文字就这样一传十、十传百，渐渐传遍了全日本，感谢信也络绎不绝地寄到我身边，来信的不仅有准妈妈，还有已经为人父母的家长、助产士、保育员、教育从业者，等等。

植野缘女士为这些文字配上了动人的画作，完成了一部更加深邃、宽广而丰富的绘本。

　　怀孕会让人体验到平时不曾意识到的生命的强大。那个还未曾谋面的小生命会让你感激迄今为止的生活，想要发自内心地对自己的父母说一句"谢谢你们生下了我"。如今，有很多人淡忘了这一点，孩子与父母相处不融洽的一幕幕不断上演。母婴之间的亲密关系是一条纽带，让我们能直面彼此，传达心意。养育一个生命说起来简单，但只有当它真切地发生在自己身上时，才能体会其中的珍重与不易。

　　我们从哪里来，为什么来到这个世界，又为什么在这里，如果这本书能帮你重新审视这些问题，将是我莫大的荣幸。

鲛岛浩二

著作权合同登记图字：01-2017-4180

わたしがあなたを選びました
© Koji Samejima 2003
Originally published in Japan in 2003 by SHUFUNOTOMO CO.,LTD.
Chinese translation rights arranged through DAIKOUSHA INC.. Kawagoe.

图书在版编目（CIP）数据

谢谢你愿意做我的妈妈 ／（日）鲛岛浩二著；（日）
植野缘绘；史诗译. -- 北京：新星出版社，2018.4
ISBN 978-7-5133-2844-9

Ⅰ. ①谢… Ⅱ. ①鲛… ②植… ③史… Ⅲ. ①婴幼儿
－哺育 Ⅳ. ①TS976.31

中国版本图书馆CIP数据核字(2017)第223931号

谢谢你愿意做我的妈妈

[日]鲛岛浩二 著
[日]植野缘 绘
史诗 译

责任编辑 汪 欣
特邀编辑 侯明明 刘洁青
责任印制 廖 龙
装帧设计 陈绮清
内文制作 田晓波

出　　版　新星出版社　www.newstarpress.com
出 版 人　马汝军
社　　址　北京市西城区车公庄大街丙3号楼　　邮编 100044
　　　　　电话 (010)88310888　传真 (010)65270449
发　　行　新经典发行有限公司
　　　　　电话 (010)68423599　邮箱 editor@readinglife.com
印　　刷　北京利丰雅高长城印刷有限公司
开　　本　787mm×1092mm　1/32
印　　张　1.5
字　　数　2千字
版　　次　2018年4月第1版
印　　次　2018年4月第1次印刷
书　　号　ISBN 978-7-5133-2844-9
定　　价　35.00元